手绘效果图
表现技法

张金玲 主编
孙大野 副主编

 化学工业出版社
·北京·

内容简介

《手绘效果图表现技法》一书详细解析了手绘效果图从基础到进阶的完整过程，它涵盖了从线稿到上色的手绘入门表达、室内陈设线稿绘制、透视空间绘制、室内空间线稿绘制、室内陈设色彩表现、室内空间色彩表现、作品赏析等七个项目。

书中以手绘设计案例任务为核心，通过任务分析、绘制步骤的详细讲解、相关案例的展示以及任务拓展练习，构建了一个完整的教学设计流程。书中附带了微课视频等学习资料，以便读者更深入地理解重点内容和分解关键步骤。

本书可作为普通高等职业教育环境艺术设计、室内设计、建筑室内设计和建筑装饰工程技术等专业的教材，也可为手绘爱好者和室内设计从业者提供阅读参考。

图书在版编目（CIP）数据

手绘效果图表现技法 / 张金玲主编；孙大野副主编．
北京：化学工业出版社，2024. 9. -- ISBN 978-7-122-45884-1

Ⅰ. TU204

中国国家版本馆 CIP 数据核字第 2024TM0245 号

责任编辑：李彦玲　　　　　　　　　　　　　　装帧设计：王晓宇
责任校对：张茜越

出版发行：化学工业出版社（北京市东城区青年湖南街 13 号　邮政编码 100011）
印　　装：天津市银博印刷集团有限公司
787mm×1092mm　1/16　印张 8　字数 167 千字　2024 年 10 月北京第 1 版第 1 次印刷

购书咨询：010-64518888　　　　　　　　　　　售后服务：010-64518899
网　　址：http://www.cip.com.cn
凡购买本书，如有缺损质量问题，本社销售中心负责调换。

定　　价：49.80 元　　　　　　　　　　　　　版权所有　违者必究

前 言

本书是在《"十四五"职业教育规划教材建设实施方案》和《国务院办公厅关于全面加强和改进学校美育工作的意见》等文件精神指导下编写的"新形态教材"。手绘效果图表现作为目前各大高校设计专业开设的必修课程，是一门重要的课程，同时，也是环境艺术设计、室内设计、建筑室内设计和建筑装饰工程技术等相关专业学生必备的专业能力之一。手绘效果图，是设计师通过手绘的方式，将设计构思以直观、形象的方式呈现出来的一种表现形式。可以说，所有的创意构思都离不开手绘的表达。

本书基于全国职业院校技能大赛、编者多年的教学实践经验、学生反馈、行业需求和企业建议，精心构建了整体框架结构和内容体系。书中教学案例融入了中国青年手绘艺术人和高级工程师的优秀且丰富的手绘表现作品，以及行业企业真实设计项目的手绘表现案例。

本书内容遵循由单体到组合，再由组合到空间的逻辑，从简单到复杂，层层递进。书中附带了微课视频等学习资料，以便读者更深入地理解重点内容和分解关键步骤。同时设置了"笔记""小贴士"和"想一想"三个版块，通过记录、提示与思考相结合的方式，旨在提升手绘学习的深度和广度。

本书编写秉承手绘表现教学过程中贯彻的"知识传授、能力塑造和价值引领"三位一体的育人理念，坚持以读者为本，强化"教"与"学"的互动，激发"学"与"思"的探索，促进"思"与"创"的融合，并以艺术感知、文化理解、审美判断、工匠精神、职业素养、创意表达、社会责任为核心，实现课程思政教学与专业教学相结合的目标。

本书共分为七个项目。黑龙江农业经济职业学院张金玲担任主编，承担了前言、项目四、项目六、项目七的编写及统稿工作；北京工业大学耿丹学院孙大野担任副主编，承担了项目二的编写；湖南省株洲市城发置地集团有限公司高级工程师彭文丹参编，编写了项目一；中国青年手绘艺术人苗长银参编，编写了项目三；中国青年手绘艺术人郭昆参编，编写了项目五。

尽管我们在编写过程中力求完美，但由于水平有限，书中难免存在不妥之处。真诚地欢迎读者朋友提出宝贵建议，以便在后续修订中进一步完善。

编 者

2024 年 5 月

目 录

项目一 手绘入门表达 001

任务一 手绘表现入门 002

 任务实施 002

 一、手绘表现概述 002

 二、手绘效果图的表现种类 003

 三、手绘效果图工具介绍 004

 任务拓展 008

任务二 手绘线条基础 009

 任务实施 009

 一、点线面基础元素 009

 二、线性表现 011

 任务拓展 012

项目二 室内陈设线稿绘制 013

任务一 室内单体线稿绘制 014

 任务实施 014

 一、室内单体线稿绘制原理 014

 二、室内单体线稿绘制 015

 三、室内单体线稿绘制案例 017

 任务拓展 018

任务二 室内组合线稿绘制 019

 任务实施 019

 一、室内组合线稿绘制 019

 二、室内组合线稿绘制案例 021

 任务拓展 022

项目三　透视空间绘制 023

任务一　一点透视空间绘制 024
　　任务实施 024
　　一、一点透视空间原理解析 024
　　二、一点透视空间绘制步骤 025
　　任务拓展 027

任务二　两点透视空间绘制 028
　　任务实施 028
　　一、两点透视空间原理解析 028
　　二、两点透视空间绘制步骤 029
　　任务拓展 031

任务三　空间构图原则 032
　　任务实施 032
　　一、了解空间构图的意义 032
　　二、空间构图的注意要点 033
　　三、视平线的设定 034
　　任务拓展 034

项目四　室内空间线稿表现 035

任务一　卧室空间线稿表现 036
　　任务实施 036
　　一、一点透视卧室空间线稿案例分析 036
　　二、一点透视卧室空间线稿绘制步骤 037
　　三、两点透视卧室空间线稿案例分析 039
　　四、两点透视卧室空间线稿绘制步骤 040
　　五、卧室空间线稿绘制案例 042
　　任务拓展 042

任务二　客厅空间线稿表现 043
　　任务实施 043
　　一、一点透视客厅空间线稿案例分析 043
　　二、一点透视客厅空间线稿绘制步骤 044
　　三、两点透视客厅空间线稿案例分析 046
　　四、两点透视客厅空间线稿绘制步骤 047
　　五、客厅空间线稿绘制案例 049
　　任务拓展 049

任务三　餐饮空间线稿表现..........050

　　任务实施..........050

　　一、餐饮空间线稿案例分析..........050

　　二、餐饮空间线稿绘制步骤..........051

　　三、餐饮空间线稿绘制案例..........054

　　任务拓展..........054

任务四　酒店空间线稿表现..........055

　　任务实施..........055

　　一、酒店空间线稿案例分析..........055

　　二、酒店空间线稿绘制步骤..........056

　　三、其他公共空间线稿绘制案例..........059

　　任务拓展..........060

项目五　室内陈设色彩表现..........061

任务一　马克笔基础表现..........062

　　任务实施..........062

　　一、了解马克笔色彩与笔号..........062

　　二、掌握马克笔运笔基础..........063

　　三、木纹材质的马克笔表现..........064

　　四、石材材质的马克笔表现..........065

　　任务拓展..........067

任务二　陈设单体色彩表现..........068

　　任务实施..........068

　　一、陈设单体色彩表现分析..........068

　　二、陈设单体色彩表现步骤..........069

　　三、陈设单体色彩表现案例..........070

　　任务拓展..........071

任务三　陈设组合色彩表现..........072

　　任务实施..........072

　　一、陈设组合色彩表现分析..........072

　　二、陈设组合色彩表现步骤..........073

　　三、陈设组合色彩表现案例..........076

　　任务拓展..........078

项目六　室内空间色彩表现 079

任务一　卧室空间色彩表现 080

任务实施 080

一、卧室空间色彩表现分析 080

二、卧室空间色彩表现步骤 081

三、卧室空间色彩表现案例 084

任务拓展 084

任务二　书房空间色彩表现 085

任务实施 085

一、书房空间色彩表现分析 085

二、书房空间色彩表现步骤 086

三、书法空间色彩表现案例 088

任务拓展 088

任务三　厨房空间色彩表现 089

任务实施 089

一、厨房空间色彩表现分析 089

二、厨房空间色彩表现步骤 090

三、厨房空间色彩表现案例 093

任务拓展 093

任务四　餐饮空间色彩表现 094

任务实施 094

一、餐饮空间色彩表现分析 094

二、餐饮空间色彩表现步骤 095

三、餐饮空间色彩表现案例 100

任务拓展 100

任务五　办公楼大厅色彩表现 101

任务实施 101

一、办公楼大厅色彩表现分析 101

二、办公楼大厅色彩表现步骤 102

三、办公楼大厅色彩表现案例 106

任务拓展 106

项目七　作品赏析 107

参考文献 120

项目一

手绘入门表达

任务一 手绘表现入门
任务二 手绘线条基础

任务一 手绘表现入门

知识目标	了解手绘表现在实际运用中的重要性；掌握手绘表现绘画工具的特性和使用方法。
能力目标	提高搜索、获取不同形式手绘素材的能力；具有正确使用各类手绘工具的能力。
素质目标	建立对手绘艺术的初步认知，感知艺术作品的形式美；提升自身审美水平和艺术修养，培养高雅的审美情趣。

任务实施

笔记

一、手绘表现概述

手绘效果图表现技法是环境艺术设计、产品设计、服装设计等设计类专业的必修课程。设计类手绘表现主要用于设计前期的方案构思和设计成果的图形表现。前期的手绘表现属于方案草图，设计成果的手绘表现属于效果图。

手绘效果图绘制区别于绘画，手绘效果图线稿的绘制旨在呈现设计构思，注重空间、比例和细节，对于手绘的马克笔上色，要尽量表现出固有色彩以及材质的质感，能够尽可能真实地还原原有场景色彩，保证空间的真实性。而绘画则更侧重艺术表达和情感传递。

设计师往往需要在短时间内捕捉到灵感，而手绘正是实现这一目标的理想工具。手绘的即时性和直观性使得设计师能够迅速将灵感记录下来，并在后续的设计过程中进行提炼和加工。这种灵活性是其他设计工具所无法比拟的，它使得设计师在设计中能够保持高度的创造性和自由度。

手绘表现能力无疑是设计师专业水平的一个重要体现。一个优秀的设计师不仅要有扎实的专业知识，更要有敏锐的艺术感知力和独特的艺术气质。而手绘正是培养这些能力的重要途径之一。

特点如下：
① 具有独特性、艺术性、偶然性；
② 可以随时随地表达设计师对环境空间的造型、材质、光线、色彩的感受和理解，并进行艺术的加工。

优势如下：

① 高效快捷，用纸笔就能够表现，不受环境约束，让客户直观清晰地了解设计师的设计意图；

② 及时地用手绘更改方案，提高沟通效率；

③ 在现场施工过程中，有利于与工人们的沟通交流，保障设计理念正确执行。

二、手绘效果图的表现种类

1. 钢笔表现

钢笔写生的特点是工具简单、携带方便，能迅速完成对景物的描绘。钢笔风景写生主要是看着景物或对象来进行描绘，它是一个描绘的过程，一个加工的过程，也是一个再创作的过程，如图1-1所示。

图1-1　钢笔表现图

2. 针管笔表现

针管笔绘制效果图表现精准细腻、线条精细、层次分明，如图1-2所示。通过不同粗细的笔尖，精准捕捉细节，展现丰富的视觉效果。笔触流畅、光影效果立体、无论是建筑、景观、室内还是产品设计，都能带来独特而专业的艺术表现。

图1-2　针管笔表现图

3. 马克笔表现

马克笔具有色彩丰富、笔触明显、易于掌握等特点，适合用于绘制各类设计作品。创作者能够快速地表达自己的创意和设计理念，同时也可以利用不同的笔触和色彩搭配来营造出独特的视觉效果。马克笔表现广泛应用于广告设计、插画、建筑等领域，是一种高效、实用的绘画技巧。室内马克笔表现注重色彩搭配和细节处理，能够准确地表达出室内空间的氛围和风格，如图1-3所示。

笔记

小贴士

《手绘效果图表现技法》课程是设计类专业开设的必修课，它不仅是设计师的基本技能，更是衡量设计师业务水平的重要标准。

图 1-3　马克笔表现图

4. 水彩表现

水彩表现是一种独特的艺术形式，通过水与色彩的交融，创造出轻盈、透明的效果，能够展现出自然的美，以及光与影的微妙变化，给人以清新、自然的感觉，呈现出其独特的韵味。如图 1-4 所示。

图 1-4　水彩表现图

5. 数字化手绘表现

数字化手绘表现是一种利用电子设备和绘图软件进行的现代化创作方式，它打破了传统手绘材料和工具的限制，提供了更高的灵活性和效率，如图 1-5 所示。在室内设计中，设计师可以利用数字化手绘技术进行空间布局、材质选择、光影效果等方面的模拟和呈现，使设计更加直观和精确。同时，数字化手绘还具备可编辑性、可复制性和共享性等特点，方便设计师进行修改、分享和合作。

图 1-5　数字化手绘表现图

三、手绘效果图工具介绍

"工欲善其事，必先利其器"。在室内手绘的工作过程中，良好的工具和材料对效果图表现起着至关重要的作用，也为技法的学习提供了很多便利条件。

笔记

想一想

电脑效果图与手绘效果图之间的区别是什么？

使用不同的工具材料，可以产生不同的表现形式，得到不同的表现效果。为了取得高质量的表现图，必须要精心地准备工具材料。常用工具材料主要包括笔类工具、纸类工具、尺类工具和其他辅助工具。

笔记

1. 笔类工具

（1）钢笔

钢笔是最为常见的绘图工具，多用于绘制建筑效果图与钢笔速写，分为美工钢笔和普通钢笔，如图1-6、图1-7所示。钢笔能用单一的颜色，把三维的对象通过点、线、面的疏密结合，转换到平面的纸上。在平时练习时，要注意线条的虚实变化，还要注意线条与画面的空间关系。在绘制过程中，因为钢笔落笔便无法修改，所以应做到落笔肯定，这样绘制出来的效果图更有艺术感染力。

图1-6　美工钢笔

图1-7　普通钢笔

（2）铅笔

铅笔是绘图中非常常见的工具。其中，HB为中性铅笔，H~6H为硬性铅笔，B~6B为软性铅笔。在软性铅笔中，2B铅笔最常用，如图1-8所示。在起稿阶段，2B铅笔常常被用来勾勒基本的形状和轮廓，因为其墨色适中，既不太深也不太浅，方便后续的修改和描绘。

在铅笔中，还有一个特殊的种类，叫作自动铅笔。一般自动铅笔的铅芯根据粗细分可为0.5~1mm。主要用于对画面进行细致勾画，相对于一般铅笔而言，可以很好地处理画面细节。

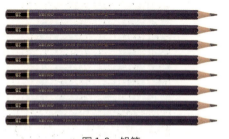

图1-8　铅笔

(3) 针管笔

针管笔是绘制图纸的基本工具之一，如图1-9所示。针管笔能绘制不同粗细不同的线条。所绘制的线条流畅、细腻，精致耐看，适用于施工图和效果图的绘制。

图1-9 针管笔

(4) 彩铅

彩铅分为蜡质彩铅和水溶性彩铅，如图1-10所示。蜡质彩铅色彩丰富，表现效果特别；水溶性彩铅较常用，具有溶于水的特点，与水混合具有浸润感，可产生特殊的肌理和色彩变化。在上色表达中，彩铅与马克笔结合使用会丰富画面色彩关系，强调物体质感。

图1-10 彩铅

(5) 马克笔

和彩铅一样，马克笔也是手绘色彩表达中常用的工具，如图1-11所示。马克笔的品牌与种类繁多，按照颜料的属性分为水性、油性和酒精性。

水性马克笔颜色亮丽，有透明感，但多次叠加颜色后会变灰，而且容易损伤纸面；油性马克笔快干、耐水，而且耐光性相当好，颜色多次叠加不会伤纸，画面色彩柔和；酒精性马克笔可在任何光滑表面书写、速干、防水、环保，可用于绘图、书写、记号、POP广告等。

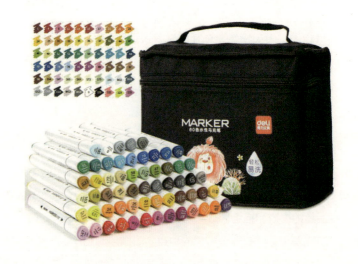

图1-11 马克笔

2. 纸类工具

（1）复印纸

对于初学者，建议选择复印纸进行练习，如图 1-12 所示。市面上的复印纸按克数来体现纸质的厚度，有 70～120 克的复印纸。按大小来划分，可以有 A4、A3 和 B4 大小的复印纸。

图 1-12　复印纸

（2）马克笔绘图纸

马克笔专用纸相对复印纸，其纸质更为厚实，如图 1-13 所示，其具有良好的吸墨性和耐水性，对马克笔色彩的还原度较高，且不易渗透。可以根据使用的需求，选择单张马克笔纸、双线圈装或者胶装的马克笔本子。

图 1-13　马克笔绘图纸

3. 尺类工具

（1）直尺

透明直尺因便于观察线条而常用于绘图，常见长度有 30cm 和 50cm。选择时应根据纸张大小确定合适长度，以提高绘图准确性和便利性。

（2）平行尺

平行尺从外观上来看是一种带滚轮的尺子，如图 1-14 所示，用于绘制平行线。

图 1-14　平行尺

（3）蛇形尺

蛇形尺又称自由曲线尺，如图 1-15 所示，它是一种可塑性很强的材料。蛇形尺是双面尺身，可自由摆成各种弧线。

图 1-15　蛇形尺

4. 其他辅助工具

在手绘表现需要的工具中，除了上述介绍的工具外，还可以有选择性地准备颜料、修改液、橡皮擦、铅笔刀等工具。

修改液是上色时的一种辅助性工具，如图1-16所示。修改液能够创造出独特且富有层次感的视觉效果，起到画龙点睛的作用，如表现玻璃、水、反光的时候常会用到。

水彩颜料与其他手绘工具如马克笔和有色铅笔的综合使用。如图1-17所示，水彩颜料可以灵活展现色彩、光影和细节，使手绘作品更加生动、多样和精致。

图1-16　修改液

图1-17　水彩颜料

任务拓展

1. 准备各类手绘工具，并熟悉每种工具的使用方法。
2. 收集并比较各种风格的优秀手绘效果图，以分析和说明不同作品中工具使用的差异和特点。

任务二 手绘线条基础

知识目标	明确手绘线条在手绘学习中的必要性；了解手绘中点、线、面等基础元素；掌握快线和慢线的绘制方法。
能力目标	规范手绘表达方式；具有流畅绘制手绘快线、慢线的能力。
素质目标	形成手绘表现的初步认知；培养良好的观察能力和动手能力。

任务实施

线条的绘制是手绘学习的第一步，任何手绘都离不开线条。线条看似简单，其实千变万化。

无论是单体手绘，还是小的空间、大的场景手绘，无论是简单的，还是复杂的，都由最基本的线条组成，画面氛围的控制与不同的线条画法有着紧密的联系。线条的疏密、倾斜方向的变化，不同线条的结合，运笔的急缓都会产生出不同的画面效果。对于初学者，要想快速提高手绘水平，线条的练习必不可少。

一、点线面基础元素

点、线、面是构成平面空间的基本元素，如图1-18所示。点通常作为几何、物理、矢量图形和其他领域中最基本的组成部分。线是由无数个点连接而成，分为直线和曲线两大类。直线分为平行线、垂线（垂直线）、斜线、折线、虚线、锯齿线等。曲线分为弧线、抛物线、双曲线、圆、波纹线（波浪线）、蛇形线等。面由直线或曲线，或直曲线相结合形成。

点、线、面三者关系：

① 点与面是比较而形成的。同样一个点，如果布满整个或大面积的平面，它就是面了；如果在一个平面中多次出现，就可以理解为点。

② 点与点之间连接形成线，或者点沿着一定方向规律性地延伸可以成为线。线强调方向和外形。

笔记

手绘线条基础

微课堂

想一想

相比尺规绘制的线条，徒手绘制的线条具有哪些优点？

笔记

③ 平面上线的封闭或者线的展开也可以形成面。面强调形状和面积。

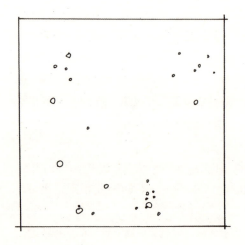

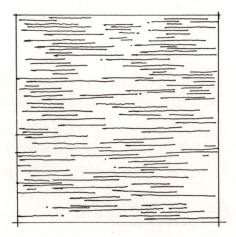

图1-18　点、线、面基础元素表现图

二、线性表现

线条是手绘表达中构成画面的基本元素,如图 1-19 所示,其重要性不言而喻。线条的表现形式丰富多样,不同的线条类型能够精准地展现不同的结构、空间和材质效果。在练习过程中,需要注意不要画得过快,用笔要有轻微的抖动,以保持均匀的速度和力度。线条应生动且富有节奏,以达到"小曲大直"的视觉效果,展现出手绘的独特魅力和表现力。

小贴士

手绘的学习是一个逐步深入、稳步提升的过程,只有通过大量的练习和实践,才能达到流畅、生动的画面效果。这个过程需要耐心和毅力,不能急于求成。

笔记

图 1-19 线条表现图

任务拓展

请根据图 1-20 所示,进行线条表现图的临摹练习。

图 1-20　线条表现图

项目二

室内陈设线稿绘制

任务一　室内单体线稿绘制

任务二　室内组合线稿绘制

任务一　室内单体线稿绘制

知识目标	理解室内手绘中单体绘制的原理；掌握透视体块的绘制方法；掌握室内手绘单体的绘制技巧。
能力目标	能够精确绘制基础透视体块；具备描绘室内单体基本形态的技能。
素质目标	建立手绘绘制的信心，磨炼手绘绘制的耐心，培养手绘绘制的专注力。

任务实施

一、室内单体线稿绘制原理

室内单体线稿的绘制原理主要基于透视原理和几何形体的理解。在刻画过程中，通常会将物体简化为各种几何形体，这样有助于分析和理解单体的基本结构。观察图 2-1 和图 2-2 所示的几何体透视，它们采用了不同的方法来表现物体的立体感和空间感。如图 2-1 所示的几何体透视，是基于一个消失点（VP）来表现物体。图 2-2 所示的几何体透视，则是基于两个消失点（VP_1、VP_2）来表现物体。

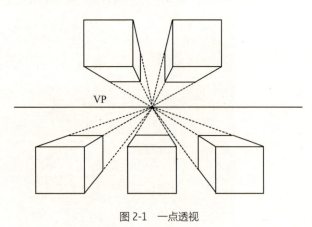

图 2-1　一点透视

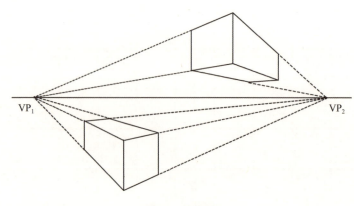

图 2-2　两点透视

二、室内单体线稿绘制

1. 一点透视沙发单体绘制

绘制一条直线作为视平线（HL），并在视平线的中点确定一个点作为消失点（VP）。用长方体块来概括沙发的形态，注意保持正确的长宽高比例。使用直线切割出沙发的主体结构，包括底座、靠背和扶手，如图 2-3 所示。沙发的结构线可以采用尺规来精确绘制。抱枕和沙发靠背的软体部分，适合采用徒手绘制的方式，以展现更加自然、柔和的线条，并呈现出更加立体和饱满的效果。

小贴士

任何复杂的形体都可以通过简化成基本体块来理解，从主体结构出发，逐步进行切割和塑造，最终得到精确的形体细节。

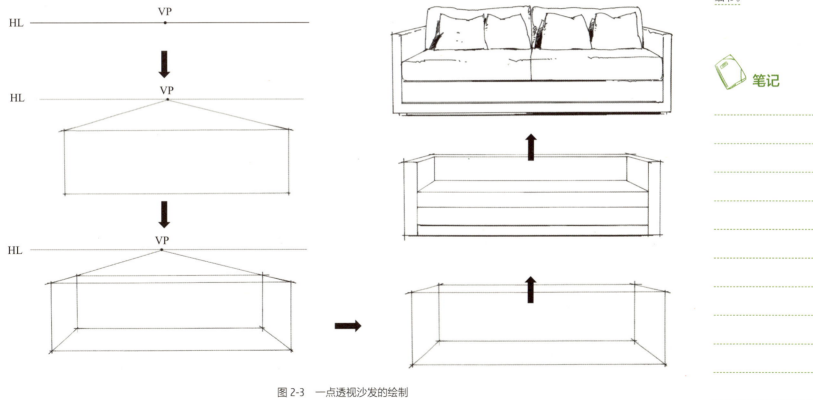

图 2-3　一点透视沙发的绘制

2. 两点透视沙发单体绘制

绘制一条直线作为视平线（HL），并在视平线的两侧分别确定两个消失点（VP_1 和 VP_2）。在视平线的下方偏左位置绘制一条竖线，代表沙发的主体结构线。确保这条竖线的上下两端终点分别与 VP_1 和 VP_2 点相连，从而形成一个基于透视原理的长方体体块，代表沙发的整体结构，如图 2-4 所示。在绘制完长方体体块后，采用徒手表达的方式来细化沙发的具体造型，在这个过程中，加入光影关系，以增强沙发的立体感和质感。

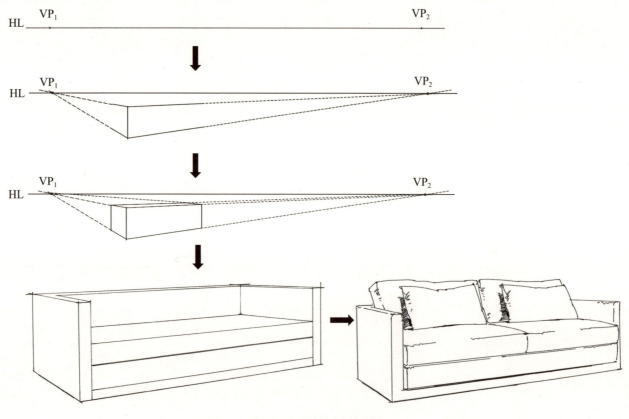

图 2-4　两点透视沙发的绘制

三、室内单体线稿绘制案例

案例如图 2-5 至图 2-8 所示。

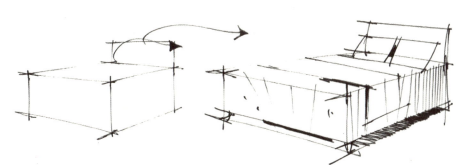

图 2-5　床体绘制

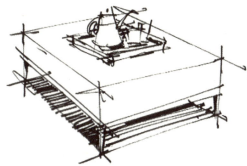

图 2-6　茶几绘制

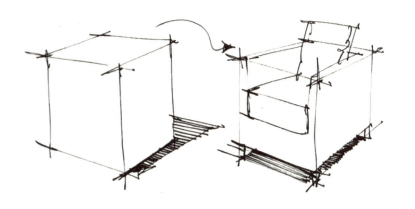

图 2-7　沙发绘制

图 2-8　桌子绘制

笔记

任务拓展

请根据图 2-9～图 2-12，进行室内单体线稿表现范例的临摹练习。

图 2-9　柜子单体线稿图

图 2-10　沙发单体线稿图（1）

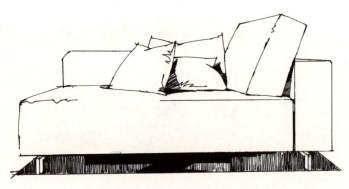

图 2-11　沙发单体线稿图（2）

图 2-12　沙发单体线稿图（3）

任务二 室内组合线稿绘制

知识目标	掌握基于平面布局图，从不同角度绘制家具组合场景的具体流程。
能力目标	具备基于平面布局图，从不同角度绘制家具组合场景的技能。
素质目标	培养多维度思考、全方位看待事物的意识；塑造作为室内设计师应有的持续学习精神和专业素养。

任务实施

一、室内组合线稿绘制

相较于单体线稿的绘制，组合线稿的绘制更复杂。以客厅空间为例，图 2-13 展示了使用电脑绘制的 2+1+1 U 字形平面布局，融合了沙发、座椅和地毯等多元家居元素。而图 2-14 则为手绘版的平面图。现需从 A、B、C 三个不同角度，分别绘制出该空间的一点透视或两点透视的表现图，以便全面呈现其空间构造和家具配置。

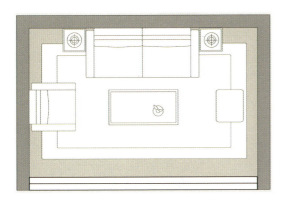

图 2-13 电脑平面布局图

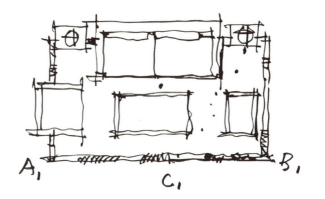

图 2-14 手绘平面布局图

室内组合线稿绘制

手绘效果图表现技法

笔记

小贴士

在手绘室内组合场景时，选择合适的角度和视点至关重要。同时，结合准确的人体工程学原理，能够确保画面整体和谐统一。

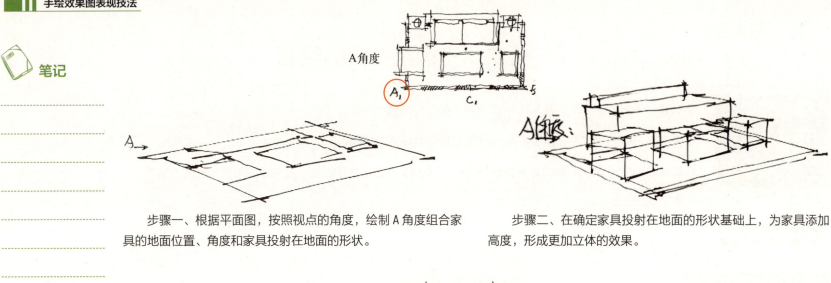

步骤一、根据平面图，按照视点的角度，绘制 A 角度组合家具的地面位置、角度和家具投射在地面的形状。

步骤二、在确定家具投射在地面的形状基础上，为家具添加高度，形成更加立体的效果。

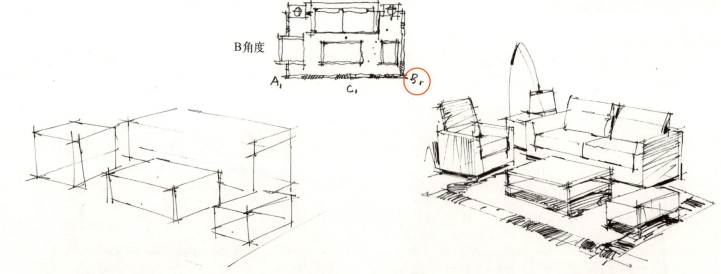

步骤一、根据视点角度，绘制出 B 角度下沙发和茶几的基础体块，并赋予它们相应的高度。

步骤二、刻画沙发、茶几、灯具和地毯等元素的细节，添加光影效果，营造出立体感和质感。

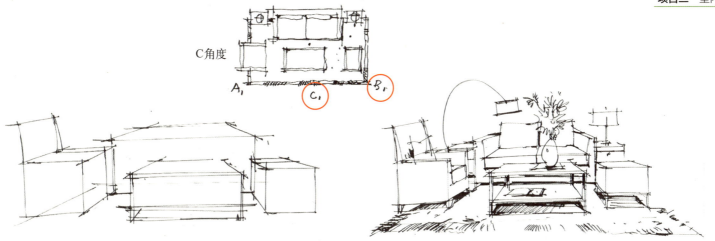

步骤一、根据视点角度，绘制出C角度下沙发和茶几的基础体块，并赋予它们相应的高度。

步骤二、在细致描绘各元素细节特征的同时，添加投影效果。适当融入软装元素，为场景增添美感。

二、室内组合线稿绘制案例（图2-15）

图2-15　客厅组合线稿图

任务拓展

请根据图 2-16 所示，进行客厅场景线稿图的临摹练习。

图 2-16　客厅场景线稿图

项目三

透视空间绘制

任务一 一点透视空间绘制
任务二 两点透视空间绘制
任务三 空间构图原则

任务一　一点透视空间绘制

知识目标	理解一点透视的基础原理和透视规律；掌握一点透视空间绘制的步骤。
能力目标	能够绘制一点透视空间的基础框架，以及透视空间中的体块。
素质目标	培养设计学专业知识和艺术学、数学等其他学科知识综合运用的能力；注重科学严谨的态度和方法的运用。

一、一点透视空间原理解析

 笔记

　　一点透视在表现室内空间时应用广泛，如图 3-1 所示。一点透视空间只有一个消失点，且一般在画面中间或接近中间的位置。按照消失点位置的不同，分为一点正透视和一点斜透视两种类型。如图 3-2 所示，画面中的线条横平竖直，且所有横线的线与水平线保持平行，竖向线条为垂直线，叫作一点正透视。画面具有近大远小、近实远虚、视野广阔、纵深感强的特点。绘制原理简单，便于掌握。存在的缺点是构图略微呆板，画面不生动。

一点透视空间绘制

图 3-1　一点透视卧室空间

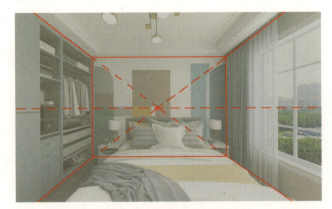

图 3-2　一点透视卧室空间分析

二、一点透视空间绘制步骤

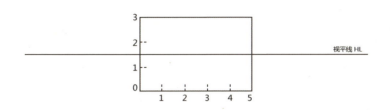

步骤一、在纸张内确定视平线 HL 的高度，以墙体高度 3m、宽度 5m 的空间为例，绘制高宽比为 3∶5 的内框，并在内框的线段上等距分段。

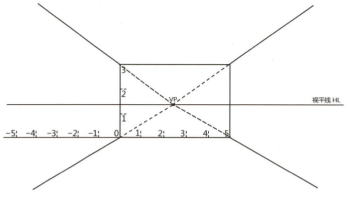

步骤二、在视平线 HL 中心确定灭点 VP，将 VP 点与内框四个交点连接并延长，确定内墙线。同时，延长内框下方线段，并进行等距分段。

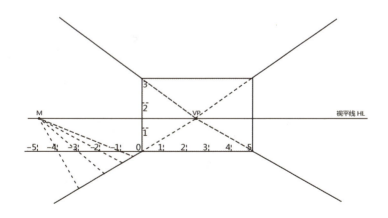

步骤三、在视平线 HL 上定出辅助点 M，将 M 点分别与 -1、-2、-3、-4 点进行连线，并将其延长得到内墙线上的交点。

步骤四、将内墙线上的交点进行水平延伸，绘制出与地面平行的线段。这些线段与内框的相应边平行。

小贴士

作为初学者，建议将家居空间的视平线高度设定在画面 1/2 位置或稍偏低些，以优化视觉效果并突出重要元素。

笔记

想一想

图中地面和左侧墙面每个透视网格所代表的实际空间尺寸是多少？

笔记

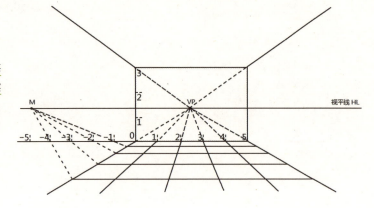

步骤五、将 VP 点与 1、2、3、4、5 点连线，并将这些连线延伸，从而得出地面的纵向线。

步骤六、按照刻度点，在左侧墙面上绘制垂直线。将灭点 VP 与高度上的 1、2、3 刻度点相连，并延伸这些连线，从而构建出左侧墙体的透视网格线。

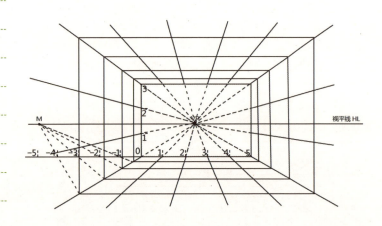

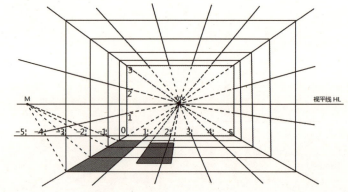

步骤七、采用和左侧墙面相同的绘制方法，绘制出右侧墙面的透视网格线，再绘制出棚顶的透视网格线。

步骤八、在地面上分别绘制出尺寸为 3000mm×1000mm 和 1350mm×850mm 的两个形状，确保比例和位置与透视网格线相符。

任务拓展

请根据图 3-3 所示，进行室内空间透视范例的临摹练习。

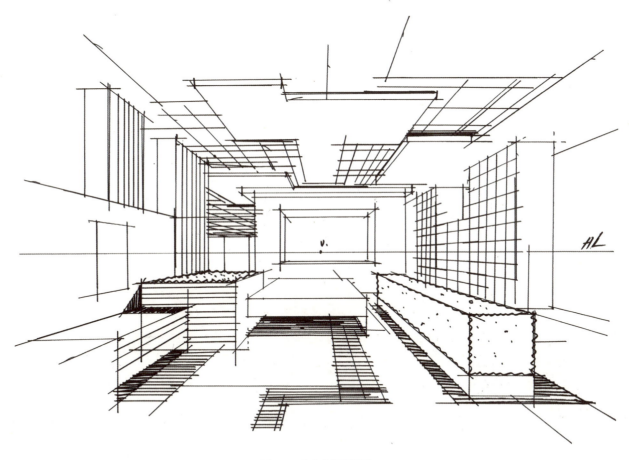

图 3-3　室内空间透视图

任务二　两点透视空间绘制

知识目标	理解两点透视的基础原理和透视规律；掌握两点透视空间绘制的步骤。
能力目标	能够绘制两点透视空间的基础框架，以及透视空间中的体块。
素质目标	提高空间感知的能力；理解不同文化背景下的审美观念，培养审美意识，提高文化自信。

任务实施

一、两点透视空间原理解析

两点透视也叫成角透视，在表现透视时，较为普遍，如图 3-4 所示。两点透视空间最大的特点就是有两个消失点，分别位于画面的左右两侧，如图 3-5 所示。与一点透视相比，两点透视的构图更加灵活多变，画面更加生动有趣。通过调整消失点的位置和线条的倾斜度，可以创造出不同的空间感和视觉效果。这种透视方式使得室内空间呈现出更为立体的视觉效果，增强了空间的深度和层次感。存在的缺点是，如果角度选择不好，容易产生变形。

图 3-4　两点透视空间

图 3-5　两点透视空间分析

二、两点透视空间绘制步骤

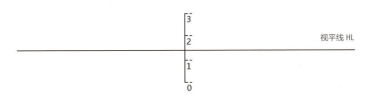

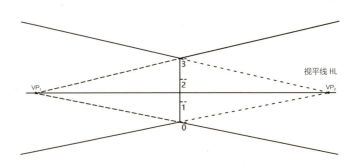

小贴士

在两点透视中，辅助点M的位置至关重要，正确地选择M点有助于防止空间出现透视变形，确保画面的准确性和自然度。

笔记

步骤一、在纸张内确定视平线 HL 的高度。以墙体高度 3m 为例，绘制出刻度线，标记出 0、1、2、3 的刻度点。

步骤二、在视平线 HL 的两侧设定两个灭点，分别为 VP_1 点和 VP_2 点，并将两个灭点分别与 0 刻度点、3 刻度点进行连接并延长。

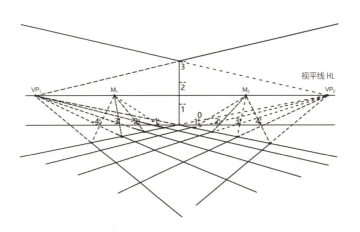

步骤三、在视平线 HL 上确定辅助点 M_1 和 M_2，连接 M_1 点至左侧刻度点、M_2 点至右侧刻度点，并延伸至内墙线得到交点。

步骤四、连接 VP_1 点至左侧内墙线交点并延伸，连接 VP_2 点至右侧内墙线交点并延伸，得出地面透视线。

笔记

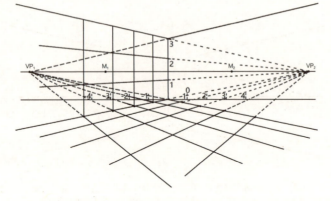

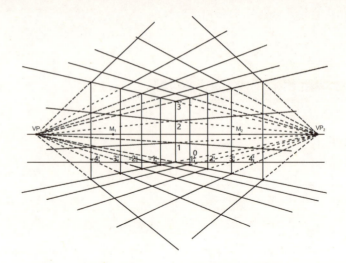

步骤五、将 VP_2 点与高度等分刻度点相连接，并继续延长这些线，以形成左侧墙体的透视网格线。

步骤六、采用相同方法，绘制出右侧墙面的透视网格线，再绘制出棚顶的透视网格线。

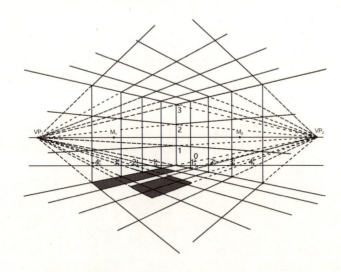

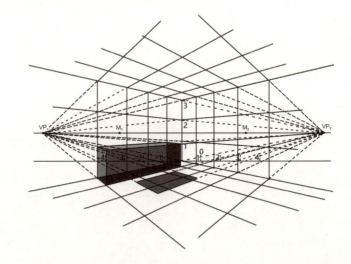

想一想

练习绘制网格线的目的是什么？它与绘制空间内的家具存在何种联系？

步骤七、在地面上分别绘制出尺寸为 3000mm×1000mm 的和 1350mm×850mm 的两个形状。

步骤八、基于地面 3000mm×1000mm 的形状，绘制高度，形成一个长宽高为 3000mm×1000mm×1000mm 的长方体。

任务拓展

请根据图 3-6 所示，进行两点透视体块范例的临摹练习。

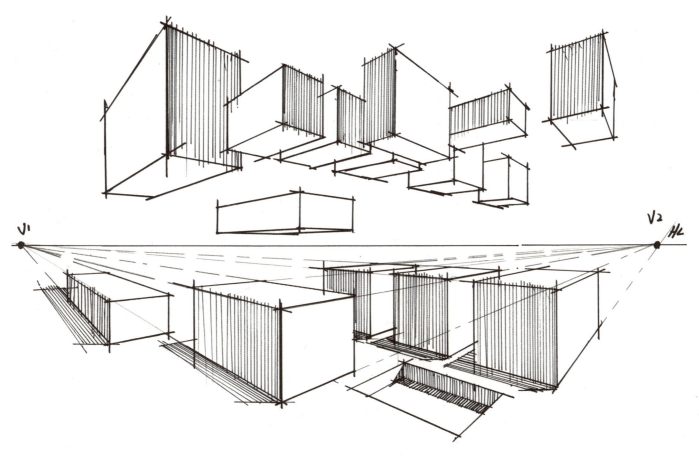

图 3-6　两点透视体块图

任务三　空间构图原则

知识目标	了解形式美法则在构图中的作用；掌握视平线高度确定的技巧；掌握消失点位置确定的原则。
能力目标	能够运用构图原理和室内设计构图技巧，进行室内空间的构图设计。
素质目标	提升审美素养和艺术鉴赏能力；培养创新思维和实践能力。

 笔记

 任务实施

一、了解空间构图的意义

空间构图是创作者对画面内容和形式进行整体的考虑和安排，也是创作者在一定空间范围内，对要表现的对象进行组织和安排，如图 3-7 所示。空间构图是作者艺术水准的直接体现，也是艺术设计作品思想美和形式美之所在。所以，构图能力在艺术创作和艺术设计中占有相当重要的地位。

在对空间进行构图时，应遵循多样性与统一性的原则，即巧妙运用对比与均衡的手法。均衡与对称在视觉审美上表现出内在的统一性，即稳定感。这种稳定感源于人们长期观察自然事物所形成的视觉习惯和审美观念。

空间构图原则　微课堂

图 3-7　合理构图（1）

二、空间构图的注意要点

① 观察者相对的面（或墙角线）在图纸上的位置和比例：这关乎整个空间感的营造和视觉效果的真实性。

② 消失点的位置：这是塑造经典空间角落和展现丰富空间层次的关键。只有选择合适的消失点，才能确保空间的完美呈现。

如图 3-8 所示，画面内容的大小适中，与纸张边缘的距离恰到好处，整体构图和谐。如图 3-9～图 3-11 所示，这些图片的构图存在大小不当、构图偏移等问题。

小贴士

在构图中，可以运用植物、装饰物等元素来丰富画面内容，同时顶部留白的设计能够确保空间顶部的绘制显得大气且开阔。

图 3-8 合理构图（2）

笔记

图 3-9 构图太大

图 3-10 构图太小

图 3-11 构图太偏

三、视平线的设定

家居空间的视平线高度设置在 1000~1200mm 最为适宜，如图 3-12 所示，这样的高度有利于展现室内家居空间的宽阔与高大。若视点过低，空间会显得过高，容易产生视觉错觉；而视点过高，则会导致观察到的物体顶部过多，使得表现内容变得复杂。

对于公共空间的表现，如餐厅、酒店大厅、办公大楼等，由于这些空间在室内设计中通常较为丰富多样，因此在手绘表现时会相对复杂。在这些空间中，视平线高度一般设定为 700mm 或更低，如图 3-13 所示，这样可以使得空间的高度在视觉上得到更好的展现，让空间显得更为高大、宽敞。

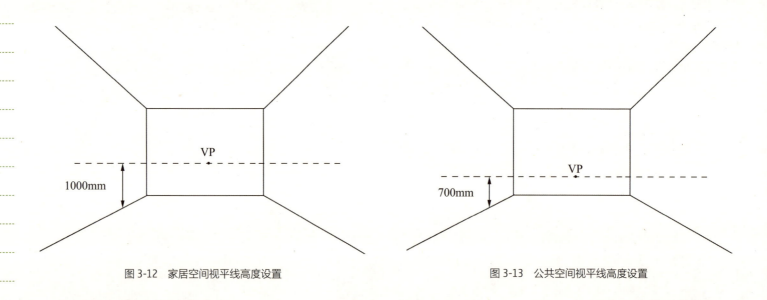

图 3-12　家居空间视平线高度设置　　　　　　　　　图 3-13　公共空间视平线高度设置

任务拓展

请搜集一些家居空间的手绘线稿表现图，并分析这些作品在构图方面所呈现出的优点和需要改进的不足。

项目四

室内空间线稿表现

任务一　卧室空间线稿表现
任务二　客厅空间线稿表现
任务三　餐饮空间线稿表现
任务四　酒店空间线稿表现

任务一　卧室空间线稿表现

知识目标	理解空间透视的绘制原理和绘制方法；掌握空间透视和物体比例关系；掌握卧室空间中各元素的表现方法。
能力目标	运用空间透视绘图原理，完成卧室空间基础框架和空间内元素的绘制。
素质目标	关注人居环境和设计需求，注重设计服务理念，提升设计作品品质。

任务实施

 笔记

一、一点透视卧室空间线稿案例分析

这是一张采用一点透视绘制的卧室空间线稿图，如图 4-1 所示。在构图时，需要注意视平线的高度和消失点的位置，以确保透视的准确性。同时，在画面上方适当留白，使得构图更加均衡。

床体作为画面的核心元素，其面积较大，因此，确保床体的透视准确、比例协调以及对布艺材质的精细刻画，都是提升画面效果的关键所在。地毯部分在画面中占据了重要位置，为了凸显地毯的质感和细节，对其毛绒纹理进行了细致刻画，这不仅增强了画面的表现力，还为整个空间营造了一种温馨舒适的氛围。

图 4-1　卧室空间线稿图

二、一点透视卧室空间线稿绘制步骤

 想一想

绘制家居空间效果图时，视平线通常如何设定？

 笔记

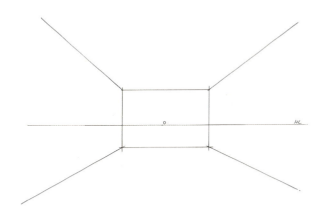

步骤一、确定视平线的高度和消失点的位置，进而确定空间内墙线。

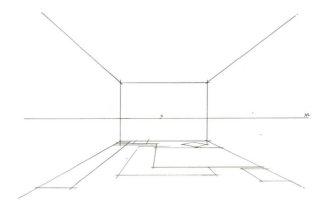

步骤二、根据透视原理，确定主要物体在地面正投影的位置。

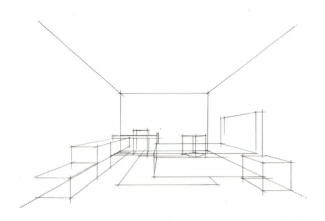

步骤三、将地面正投影转化为立体形态，注意各物体高度，并相互对比参照，确保比例协调。

步骤四、将几何体块进一步细化，添加抱枕、床旗等布艺软织物元素。

手绘效果图表现技法

 笔记

 **小贴士**

在绘制的后期，要注意空间的前后遮挡关系，比如：灯具结构线在前，床体结构线在后。

步骤五、深入刻画细节，塑造不同材质的质感。适当添加投影，以增强空间深度，同时注意遵循"近实远虚"的透视原则。

三、两点透视卧室空间线稿案例分析

笔记

这是一张采用两点透视绘制的卧室空间线稿图,如图 4-2 所示。在绘制线稿之前,需要确立好空间的结构、家具的位置及其基本轮廓。

在整个空间中,家具及其组合陈设的刻画是这幅图的核心焦点。床头背景墙的处理简约而大气,与床体组合的精细刻画形成鲜明的主次对比,增强了空间的整体层次感。床体组合陈设的深入刻画与近处地毯的简洁处理、远处窗外景的扼要勾勒,在细节处理上形成了强烈的对比,从而突出了空间的前后关系和深度。为了使构图更加均衡,对棚顶部分巧妙地进行留白处理。

图 4-2 卧室空间线稿表现图

📓 **笔记**

四、两点透视卧室空间线稿绘制步骤

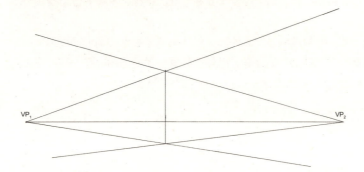

步骤一、在纸张上确定视平线 HL 的位置，在视平线的两侧确定消失点 VP_1 和 VP_2，明确空间内墙线。

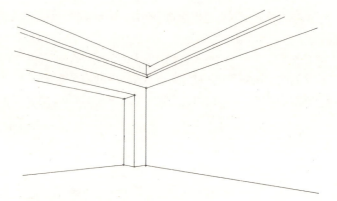

步骤二、确定空间主体结构的透视线。

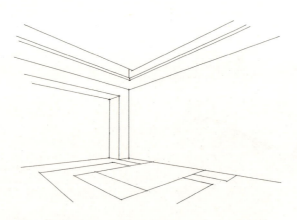

步骤三、确定空间中主要物体在地面正投影的位置。

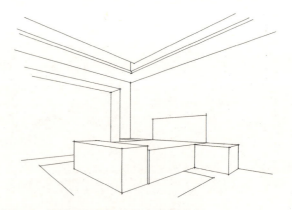

步骤四、将地面正投影转化为立体形态。

 想一想

在两点透视中，两个消失点之间的距离和位置对画面效果会产生哪些影响？

项目四 室内空间线稿表现

步骤五、将几何体块细化为具体的造型，适当加入明暗关系，刻画细节。

笔记

笔记

五、卧室空间线稿绘制案例（图 4-3）

图 4-3　卧室空间线稿绘制

卧室空间线稿表现

任务拓展

找到一张卧室空间的效果图，并尝试绘制其线稿。

任务二 客厅空间线稿表现

知识目标	熟练掌握空间透视的绘制方法；熟悉客厅空间中硬装装修和软装元素的手绘表现技巧。
能力目标	绘制客厅空间的基础结构框架；具有手绘绘制空间内吊顶、背景墙等硬装部分和家具、布艺等软装陈设部分的能力。
素质目标	培养精益求精、细致严谨的职业态度；培养良好的审美情趣和创新意识。

任务实施

一、一点透视客厅空间线稿案例分析

图 4-4 是一张采用一点透视绘制的客厅空间线稿图。该图空间纵深感强、视野广阔，清楚地体现了空间元素，也完整地展示了整个空间设计的特点。

画面中，近处的边几、中间部分的沙发和远处的飘窗通过巧妙地用笔虚实处理、前后结构线的叠加以及投影的刻画，强调了空间的前后关系。在绘制过程中，硬装部分和硬质材质都采用尺规进行精确绘制，而布艺部分的线条则徒手绘制，以展现其柔和与自然的质感。结构线的区分明显，使得整个空间的灵动性得到了更好的展示。

图 4-4 客厅空间线稿图

二、一点透视客厅空间线稿绘制步骤

📓 **笔记**

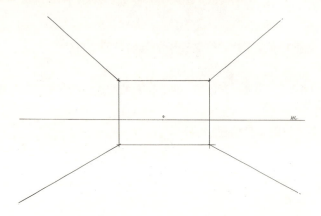

步骤一、确定视平线 HL 的高度，并在视平线的中点确定消失点 VP，明确空间内墙线。

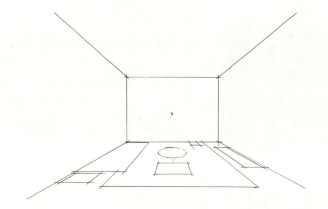

步骤二、按照人体工程学和透视原理，确定空间中主要物体在地面正投影的位置。

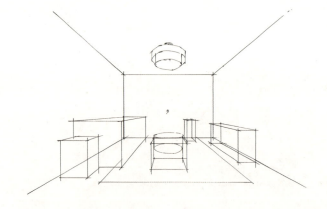

步骤三、将地面正投影转化为立体形态，注意各物体高度，相互对比参照，确保比例协调。

步骤四、将几何体块细化为具体的造型，同时细化天花的结构和细节；对墙面、飘窗等进行初步绘制。

💡 **小贴士**

在手绘绘制空间线稿时，如果吊顶结构线过多，要注意保持画面整洁，避免混乱，可以按照结构和层次进行分组绘制。

项目四　室内空间线稿表现

 想一想

为什么左侧台灯的投影方向与右侧墙壁灯的投影方向相反？

 笔记

步骤五、对画面进行深入刻画。在刻画过程中，注意区分硬质材质和软装布艺，同时，添加相框、花瓶等饰品，并对投影进行刻画。

笔记

三、两点透视客厅空间线稿案例分析

这是一张采用两点透视绘制的客厅空间线稿图，如图 4-5 所示。通常情况下，两点透视空间中的两个消失点位于较远的位置，而在这张图中，两个消失点则相对较近，主要展现的是近处的家具和其背景墙的设计。

在整个空间中，沙发组合作为主要刻画对象，整体采用了 3+2+1 的布局形式，相较于之前绘制的两点透视卧室空间，家具的绘制难度有所增加。在背景墙的墙面刻画中，需注意保持近宽远窄的比例。近处的座椅作为两点透视空间中斜向摆放的物体，其消失点的判断相对复杂，需要精确概括体块，找出结构线，并根据结构线调整座椅的曲线线条。

图 4-5　客厅空间线稿表现图（1）

四、两点透视客厅空间线稿绘制步骤

 笔记

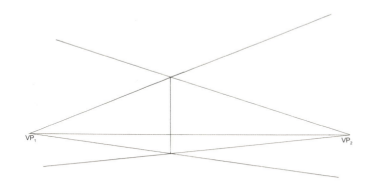

步骤一、在纸张上确定视平线 HL 的位置，在视平线的两侧分别确定消失点 VP_1 和 VP_2，明确空间内墙线。

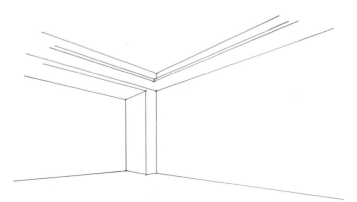

步骤二、确定空间主体结构的透视线。

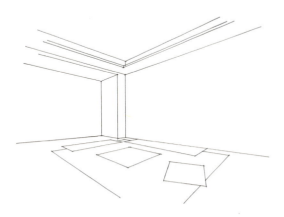

步骤三、根据人体工程学和透视原理，确定空间中主要物体在地面正投影的位置。

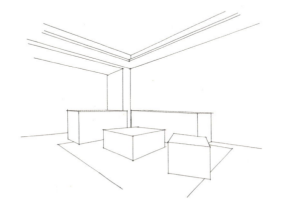

步骤四、将地面正投影转化为立体形态。

 小贴士

在绘制空间线稿时，需要准确把握单体物体的大小。单体物体画得越大，整个空间会显得越小；单体物体画得太小，又不能表达设计意图。

手绘效果图表现技法

笔记

小贴士

受风格因素的影响，部分沙发形体的线条较复杂。在绘制这类特殊造型的家具时，更应对其进行合理的概括和简化，以避免产生不协调的视觉效果。

步骤五、将体块细化为具体的造型，适当加入明暗关系，注意近实远虚。

五、客厅空间线稿绘制案例（图4-6）

图4-6 客厅空间线稿表现图（2）

任务拓展

找到一张客厅空间的效果图，并尝试绘制其线稿。

任务三 餐饮空间线稿表现

知识目标	掌握餐饮空间主体结构和内部元素的绘制要点;熟练掌握利用明暗、虚实来加强空间前后关系的方法。
能力目标	能够绘制餐饮空间的主体结构和内部元素;能够对餐饮空间的前后关系进行适当的处理。
素质目标	提升观察分析、概括总结的能力;培育精益求精的工匠精神;培养细致严谨的优秀品质。

任务实施

笔记

一、餐饮空间线稿案例分析

这是一张采用两点透视绘制的餐饮空间线稿图,如图 4-7 所示。图中包含餐桌、座椅等元素,其复杂的布局和透视关系使得线稿处理变得烦琐。

在处理这张餐饮空间线稿图时,应严格遵循透视和比例的准确性。前景中的餐桌和餐椅,作为画面的核心元素,需精细刻画。遵循"近大远小,近实远虚"的透视原则,与背景中的桌椅形成明显的大小对比,并注意通过虚实对比来增强画面的空间感。最后,使用黑色马克笔来强化线条,使画面更为清晰,细节更为突出。

图 4-7 餐饮空间线稿表现图(1)

二、餐饮空间线稿绘制步骤

步骤一、将视平线的高度定在画面中间偏下的位置,左右两侧各定一个消失点。

步骤二、明确空间主体结构,并对餐桌餐椅等元素,以体块的形式进行概括,确定其位置与高度。

步骤三、逐步完善整体结构关系,确定餐桌、餐椅等元素的地面正投影位置。

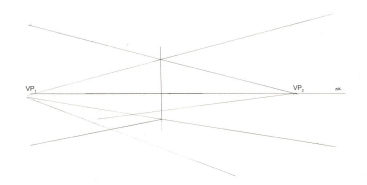

步骤一

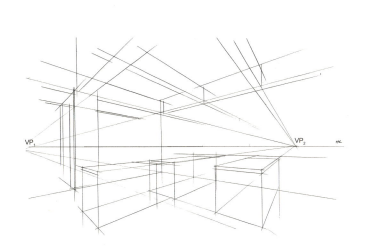

步骤二

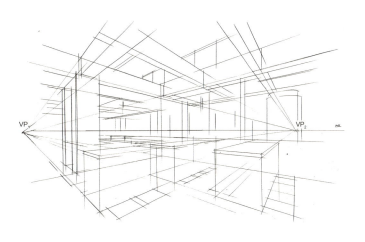

步骤三

手绘效果图表现技法

 笔记

 小贴士

绘制大场景餐饮空间时，餐桌、餐椅的绘制最容易出现透视问题，只要时刻明确消失点的方向，出错的概率就会大大减小。

步骤四、将桌椅体块细化为具体的造型，加入地板透视线，深化棚顶结构线。

052

小贴士

在绘制餐饮空间时，重点在于展现场景的布局和设计。适度表现材质和光影，避免对任何一个部分进行过度刻画。

笔记

步骤五、深入刻画空间细节。对餐桌、餐椅进行精细描绘，添加灯光效果，并对各种材质进行细致的刻画。在此过程中，要注意相同材质在不同区域的表现差异。适当加入植物配景，为空间增添生气和活力。

笔记

三、餐饮空间线稿绘制案例（图 4-8）

图 4-8　餐饮空间线稿表现图（2）

 任务拓展

找到一张餐饮空间的效果图，并尝试绘制其线稿。

任务四　酒店空间线稿表现

知识目标	掌握相同材质在同一空间不同界面中的差异化手绘表现方法；熟知利用植物完善构图的技巧。
能力目标	能够对空间中不同界面上的相同材质进行差异化的手绘表现；具有运用植物完善画面构图的能力。
素质目标	关注环保和社会可持续发展，将环保理念融入室内空间设计中。

任务实施

一、酒店空间线稿案例分析

这是一张采用一点透视绘制的酒店空间线稿图，如图4-9所示。画面整体设计注重空间的层次感和视觉焦点的营造。空间的进深感的营造，以及对不同材质的精细刻画，是表现的重点。

在处理前景的植物和物体时，选择了细化处理的方式。而中景部分，则采用了概括性的手法进行表达，以简洁的线条勾勒出了酒店空间的结构和重要物体。画面右上方，增加了植物的轮廓线，打破了画面的单调感，也与左下方精细刻画的植物部分形成了呼应，使得整个画面更具联络性和整体性。

图4-9　酒店空间线稿表现图

二、酒店空间线稿绘制步骤

笔记

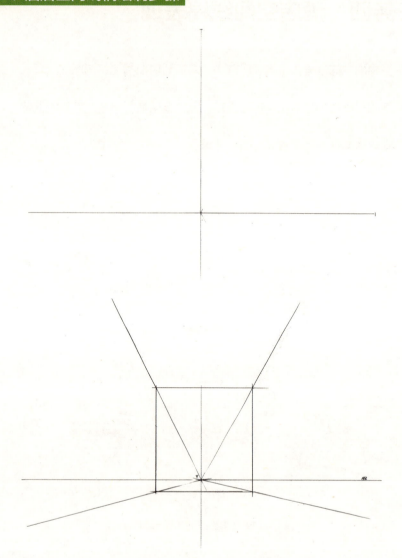

步骤一、由于公装空间较为宽阔，因此将视平线设定在画面偏下的位置，并在视平线的中间确定消失点的位置。

步骤二、确定内框尺寸，需注意内框高度在视平线上下的比例关系，通过连接消失点与四个交点，完成空间结构线的绘制。

项目四 室内空间线稿表现

 小贴士

在处理复杂空间的主体结构线时，应避免陷入对局部的过度刻画，而应从整体入手进行绘制。

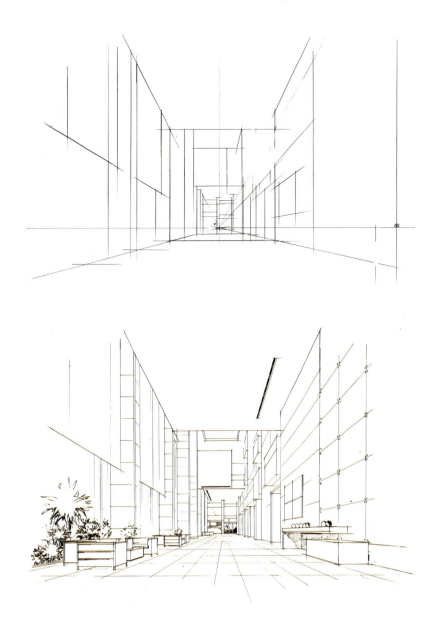

步骤三、划分空间主体结构的位置，在绘制中，注意近大远小的空间透视关系。

笔记

步骤四、绘制空间中墙面、地面、天花的部分，细致刻画透视图前面部分的植物及装饰物。

手绘效果图表现技法

笔记

小贴士

对于绘制大空间的手绘效果图，为了表现空间的前后关系，对远处的形体和光影都要进行虚化处理。

步骤五、在空间中加入明暗关系的处理。近处的暗部可以绘制黑色体块，突出整体结构的厚重感。在画面的处理上，要做到近实远虚。

三、其他公共空间线稿绘制案例（图 4-10、图 4-11）

图 4-10　购物中心线稿表现图

图 4-11　休闲会所空间线稿表现图

找到一张公共空间的效果图,并尝试绘制其线稿。

项目五

室内陈设色彩表现

任务一　马克笔基础表现

任务二　陈设单体色彩表现

任务三　陈设组合色彩表现

任务一　马克笔基础表现

知识目标	了解马克笔的特性及使用方法；熟悉马克笔的常用色号；掌握马克笔融色的方法。
能力目标	能够绘制马克笔的基础线条；能够使用不同色阶的马克笔，进行渐变色的处理。
素质目标	体验色彩形式美，提升色彩美学素养；强化环保意识，节约资源，践行可持续发展理念。

笔记

🔄 任务实施

一、了解马克笔色彩与笔号

马克笔分为油性马克笔和水性马克笔，设计领域多采用油性马克笔。马克笔使用方便，便于携带。马克笔色彩丰富，既有明亮的鲜艳色，也有柔和的淡雅色。不同于其他色彩颜料，马克笔具有不可调色的特点，经常与彩铅结合使用，来增加空间元素材质的肌理感。

对于初学者，可以制作马克笔的色块表，以便在使用时能够快速找到所需的色彩。随着马克笔上色能力的增强，便可熟悉马克笔笔号。图5-1以某品牌马克笔为例，展示了马克笔的各种色彩。

图5-1　某品牌马克笔色块表

二、掌握马克笔运笔基础

马克笔色彩的叠加也称为"融色",融色的画法分为"干画法"和"湿画法"。"干画法"是第一遍颜色干透后,在其基础上用其他色号画第二遍颜色,第二遍的色彩不会与之前的色彩融合,其效果笔触感强、画面生动。"湿画法"是第一遍颜色未干时,在其基础上用其他色号画第二遍颜色,第二遍的色彩会与之前的色彩融合。其效果色彩丰富、过渡自然。

马克笔运笔需要干脆利落,运笔力度要平均,线条肯定。马克笔色彩叠加,多为同色系色彩之间的叠加,比如暖色系之间相互叠加,冷色系之间相互叠加,如图 5-2 所示。而跨色系色彩叠加,可表现出颜色的渐变与微妙的色彩变化,如图 5-3 所示,这种技法在手绘色彩表达中也经常被采用,但颜色容易变"脏",色彩易浑浊。

 小贴士

马克笔不具有较强的覆盖性,淡色无法覆盖深色。因此,在上色的过程中,通常先上浅色而后覆盖较深重的颜色。

笔记

图 5-2 同色系色彩叠加

图 5-3 跨色系色彩叠加

笔记

三、木纹材质的马克笔表现

利用马克笔，可以便捷地区分体块的亮部、灰部和暗部，如图 5-4 所示，从而表达出体块的黑白灰关系，凸显物体的体积感。

马克笔对于不同的材质，有着不同的表现方法。比如，在表现木材质感时，可以与彩铅结合使用。首先，使用木色彩铅在受光面平铺一层色彩，再用木色马克笔绘制其固有色。绘制的纹理自然，同时也能表现出木材的粗糙感，如图 5-5 所示。

图 5-4 光影关系

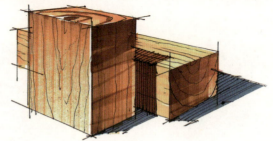

图 5-5 木材质质感表现

 小贴士

在上色过程中，要学会留白。不要将物体完全填满色彩，适当的留白可以增加画面的透气感和空间感。

项目五 室内陈设色彩表现

四、石材材质的马克笔表现

 笔记

马克笔在表现大理石材质时，通常以灰色系列为主色，画面色彩要通透，如图 5-6 所示。为塑造大理石的纹理，可以使用马克笔的侧锋或结合彩铅。大理石板材的抛光面具有镜面光泽，能映照出周围景物，因此在刻画时需特别注意这些映象，并考虑周围物体和环境对石材的影响，如图 5-7 所示。

  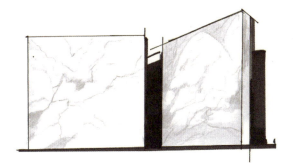

图 5-6 灰色系大理石材质表现

想一想

石材的马克笔上色，除了灰色系，还可以使用哪些色系呢？

小贴士

石材在空间中进行上色时,其纹理的刻画需根据透视的方向进行上色。

 **笔记**

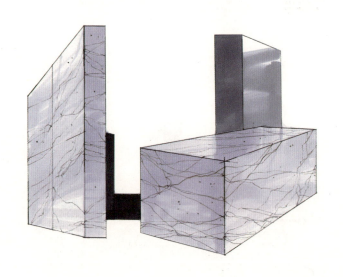

图 5-7　石材材质马克笔表现

任务拓展

1. 制作马克笔笔号的色卡。
2. 完成图 5-8 中接待台的色彩表现,并使用马克笔完成上色任务。

图 5-8　接待台马克笔色彩表现

任务二 陈设单体色彩表现

知识目标	熟知陈设单体的马克笔上色要点；熟悉陈设单体的马克笔上色步骤。
能力目标	捕捉色彩的变化规律；能够使用不同的马克笔色彩，对陈设单体进行上色。
素质目标	关注流行色，培养时尚审美意识；培养与时俱进的创新意识和创造力。

任务实施

一、陈设单体色彩表现分析

家具作为室内设计中的主体，是塑造空间氛围的关键元素之一，在手绘表现时往往也作为最重要的元素进行刻画。以下两张图分别是沙发单体的线稿图和马克笔色彩表现图，如图 5-9、图 5-10 所示。在线稿阶段，已经对沙发进行了基础光影效果的处理，因此，在利用马克笔上色时，需严格遵循线稿中的光源点。在色彩运用上，整体设计采用了冷色与暖色的对比，沙发主体大部分选用了冷灰色调，而抱枕则采用了饱和度较高的绿色和黄色。画面的处理大胆而利落，远处靠背的亮面与近处地面深色的明暗对比，有效突出了空间感。

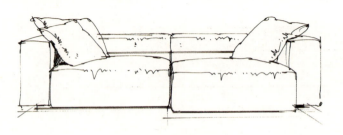

图 5-9 沙发单体线稿图

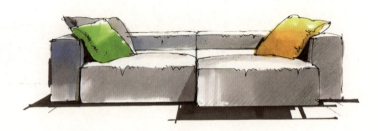

图 5-10 沙发单体色彩表现图

二、陈设单体色彩表现步骤

小贴士

在为物体着色的过程中，要注意用笔方向的变化，并时刻关注塑造物体的体积感，以此增强画面的层次感。

笔记

步骤一、使用浅灰色对沙发坐垫进行基础色的上色。从整体入手，避免过度陷入局部细节的刻画。

步骤二、使用相同色号的马克笔，对沙发的靠背和扶手进行上色。

步骤三、对沙发的亮面和抱枕进行上色。为了突出光感效果，处理时要注意留白。

步骤四、对物体色彩进行深入细化，并加入光影的刻画。适当使用彩铅进行点缀，使画面更加生动。

想一想

如何运用马克笔来精细刻画布料的褶皱、装饰等细节和纹理,使沙发看起来更加真实和生动?

三、陈设单体色彩表现案例(图 5-11)

小贴士

在对抱枕进行马克笔上色后,可以最后添加一些徒手绘制的线条,以更好地表现出抱枕的质感。

图 5-11 陈设单体马克笔色彩表现

任务拓展

请根据图 5-12 所示,进行背景墙马克笔色彩表现图的临摹练习。

图 5-12　背景墙马克笔色彩表现

任务三　陈设组合色彩表现

知识目标	熟知陈设组合的马克笔上色要点；掌握运用色彩关系来处理组合场景中物体前后层次的技巧。
能力目标	对陈设组合场景中的家具、布艺等材质进行上色；通过用笔、用色等手段，处理场景的前后色彩关系。
素质目标	鉴别和欣赏不同风格的陈设组合，理解其美感和文化内涵；开阔视野，增加对多元文化的理解和尊重。

 任务实施

一、陈设组合色彩表现分析

图 5-13、图 5-14 分别是床体组合的线稿图和马克笔色彩表现图。在用色方面，整体采用了蓝色、黄色和绿色，画面中物体的色彩饱和度较高。而在墙面和投影的处理上，则运用了灰色色系，从而有效地平衡了画面的色彩关系。近处的床头柜的色彩则相对较浅，色彩明暗的对比度并不强烈，进而更好地突出了场景中的主体——床。

图 5-13　床体组合线稿图

图 5-14　床体组合马克笔色彩表现图

二、陈设组合色彩表现步骤

步骤一、使用浅木色,为床头柜、柜子等物体进行基础上色。在着色时,需从整体出发,不可过于"陷入"局部细节。

步骤二、使用浅灰色马克笔对床体进行刻画,再使用中度灰色马克笔完成墙体的基础用色。

陈设组合马克笔
上色(上)

手绘效果图表现技法

笔记

? 想一想

图中三处植物的刻画，使用了哪些手法来进行区分？

陈设组合马克笔上色（下）

步骤三、使用蓝色马克笔对床体、灯具、沙发进行上色。要注意区分前方的床与后方的沙发的颜色。

步骤四、对配景植物进行刻画，在刻画过程中，要注意做出区分。

项目五 室内陈设色彩表现

 笔记

小贴士

用马克笔上色时，黑色应微量添加，可与其他颜色混合创造自然深色调，避免大面积使用，以细腻笔触营造阴影和过渡效果。

步骤五、调整空间的前后色彩关系，遵循近实远虚的原则。确保近处色彩对比强烈，远处色彩则虚化且对比度较低。对于前景地面上的物体、中景的床体和远景的窗框，都使用黄色进行协调，将前中后的色彩"串联"起来，增加空间的整体感。

笔记

三、陈设组合色彩表现案例（图5-15~图5-18）

图5-15　卧室陈设组合色彩表现图（1）

图5-16　卧室陈设组合色彩表现图（2）

图 5-17　卧室陈设组合色彩表现图（3）

图 5-18　卧室陈设组合色彩表现图（4）

任务拓展

请根据图 5-19、图 5-20 所示，进行客厅场景色彩表现图的临摹练习。

图 5-19　客厅场景色彩表现图（1）

图 5-20　客厅场景色彩表现图（2）

项目六

室内空间色彩表现

任务一　卧室空间色彩表现

任务二　书房空间色彩表现

任务三　厨房空间色彩表现

任务四　餐饮空间色彩表现

任务五　办公楼大厅色彩表现

任务一　卧室空间色彩表现

知识目标	掌握卧室空间的马克笔上色步骤；区分卧室硬装结构与软装材质的色彩表现手法。
能力目标	能够对卧室空间中的硬装结构与软装布艺材质进行上色；通过用笔、用色等手法，处理空间的前后关系。
素质目标	运用温暖柔和的色调，营造出宁静舒适的睡眠环境，感受生活的美好与惬意，激发对生活的热爱之情。

一、卧室空间色彩表现分析

图 6-1、图 6-2 分别是卧室空间的平面图和马克笔色彩表现图。在绘制平面图时，整体上采用了尺规与徒手相结合的方式进行表现，尺规表现用于墙体线和硬装家具的绘制，而徒手表现则更多用于软包类、小物件以及材质的表现。在对卧室空间上色前，应注意整体色调的把控，结合空间本身的设计，采用紫灰色色调来刻画墙体，使冷暖对比合理。

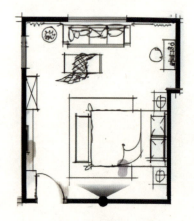

图 6-1　卧室空间平面图

图 6-2　卧室空间马克笔色彩表现图（1）

二、卧室空间色彩表现步骤

  想一想

近处的床和柜子在上色时，为什么在投影的处理上采用了深色？

步骤一、对窗帘、电视、沙发等元素使用浅色进行初步上色，对电视背景墙、地板等原色则使用木色上色。在此步骤中，色彩不宜过重，也不要着色过满。

笔记

步骤二、对天花吊顶、地毯、墙面进行上色。色彩处理需符合各自材质的特点，以反映真实的材质质感。地板的反光、天花板的留白等细节应酌情处理。

手绘效果图表现技法

笔记

步骤三、深化电视机屏幕的反光效果、天花处的环境色以及床头背景石材的质感。此步骤需注意用笔的轻快感，避免过多叠加笔触。

步骤四、增加细节，强调对材质的刻画。远处的天花加入蓝色彩铅，使画面显得更为通透。左上方加入植物，作为收边处理，完善画面整体效果。

 小贴士

植物的添加应注重形态细节，巧妙运用色彩与光影，与卧室环境和谐融合，增添自然气息。

　　步骤五、为地板的质感增添一些彩色铅笔的笔触。窗帘和天花处，可以运用淡蓝色或蓝灰色进行处理，营造出自然光的感觉。吊顶上的灯光、电视机上的高光白，都是画面中的"点睛之笔"。

三、卧室空间色彩表现案例（图6-3、图6-4）

图 6-3　卧室空间线稿图

任务拓展

找到一张卧室空间的效果图，尝试绘制其线稿，并使用马克笔完成上色。

图 6-4　卧室空间马克笔色彩表现图（2）

任务二　书房空间色彩表现

知识目标	了解空间中自然光源与人造光源在马克笔色彩表现上的区别；掌握书房空间中背景墙、书柜、桌椅等元素的上色方法。
能力目标	运用马克笔上色原理，完成人造光源下，书房空间的背景墙、书柜、桌椅等元素的上色。
素质目标	感受书房所承载的文化底蕴，品味文化之美、感受艺术之美；培养龙马精神，树立积极向上的人生态度，坚定理想信念。

任务实施

一、书房空间色彩表现分析

图 6-5、图 6-6 分别是书房空间的线稿图和马克笔色彩表现图。线稿图展示的是消失点在视平线中间位置的一点透视图。在马克笔色彩的处理上，近处的书桌是重点刻画的对象。在呈现明暗强烈对比的同时，也要确保材质表现清楚。图 6-6 空间色彩处理的重点在于桌子、抱枕、百叶窗部分的处理，通过巧妙运用光影关系，有效地拉开了空间的前后关系。

图 6-5　书房空间线稿图

图 6-6　书房空间马克笔色彩表现图（1）

书房空间马克笔上色（上）

小贴士

在着色之前,要注意到光的来源,避免画图千篇一律。这间书房的窗户有百叶窗帘遮挡,影响了自然光的进入,因此,在刻画整张图时,光源主要还是以人造灯光为主。

笔记

二、书房空间色彩表现步骤

步骤一、使用灰色调马克笔概括空间基础色调,从整体入手,不可"陷入"局部。

步骤二、依据固有色对书桌、沙发、边柜进行着色。为了营造光感效果,处理时要注意留白。

步骤三、对整体画面进行深入刻画,注意前面的桌子和后面的沙发的颜色要区分开,时刻注意塑造物体的体积感。

步骤一

书房空间马克笔
上色(下)

步骤二

步骤三

项目六 室内空间色彩表现

笔记

想一想

为什么在对书架的格子上色时，投影要采用这种表现方式？

步骤四、对画面材质、细节、光影等进行深入刻画。边几上的植物和书架上的植物都使用绿色，但要在笔触上做出区分。左侧墙面和右侧书柜则使用低纯度的蓝色，以增强空间的联系性。

笔记

三、书法空间色彩表现案例（图6-7）

图 6-7　书房空间马克笔色彩表现图（2）

 任务拓展

找到一张书房空间的效果图，尝试绘制其线稿，并使用马克笔完成上色。

任务三　厨房空间色彩表现

知识目标	熟知厨房空间中不同材质的物体的马克笔色彩表现方法；掌握空间转折处的色彩处理方法。
能力目标	能够对厨房空间中不同材质的物体进行上色；具备使用色彩处理空间转折处的能力。
素质目标	关注生活中的细节和美好，培养积极向上的生活态度；善于观察，能自主从现实生活中提取创作灵感。

任务实施

一、厨房空间色彩表现分析

图6-8、图6-9分别是厨房空间的线稿图和马克笔色彩表现图。原效果图中，椅子的位置距离画面底部较近，而顶部空间留白较多。因此，在画面的处理上，绘制线稿时便需主观地为下方多留出一些空间。采用同样的处理方法，也能避免在添加马克笔投影的重色后，底部显得过于拥挤。画面主体色彩选用了偏暖的米色，辅以小面积的偏冷蓝色，最后以红色和绿色作为点缀，用以丰富画面。

笔记

图6-8　厨房空间线稿图

图6-9　厨房空间马克笔色彩表现图

二、厨房空间色彩表现步骤

笔记

小贴士

线稿绘制时，经常采用尺规进行绘制。在马克笔上色时，同样可以使用尺子辅助进行色彩表现，这样刻画出的画面会更整洁、干净。

厨房空间马克笔上色（上）

步骤一、绘制厨房空间线稿。空间的主体是空间前面的桌子和椅子。在绘制时，要注意椅背的透视关系，同时也要区分椅背和墙体腰线的高度。

步骤二、进行基础色彩上色。使用灰色调的马克笔概括空间的整体色调。从整体入手，用灰色进行基础铺色，用笔要轻盈，避免反复涂抹。

项目六 室内空间色彩表现

步骤三、刻画画面主体元素。对空间的重点——餐桌、餐椅进行刻画。为了营造光感效果,桌面的大理石材质和餐椅布艺的处理表现要注意留白。

步骤四、深化细节刻画。包括餐桌上的装饰物、远处的炉具、窗外的景色。在刻画时,需要注意近实远虚的关系。

厨房空间马克笔上色(下)

笔记

步骤五、增加细节刻画，调整空间关系。对餐桌的花束、椅子的装饰纹路、地面的纹理进行精细刻画。进一步调整空间的关系，完善画面空间效果。

 **想一想**

在使用马克笔对地面地砖的纹理进行刻画时，我们需要注意什么？

三、厨房空间色彩表现案例(图 6-10)

图 6-10　厨房空间马克笔色彩表现图

任务拓展

找到一张厨房空间的效果图,尝试绘制其线稿,并使用马克笔完成上色。

任务四　餐饮空间色彩表现

知识目标	掌握运用马克笔上色技巧塑造工业设计风格餐饮空间的方法。
能力目标	具备运用马克笔上色技巧塑造餐饮空间室内工业设计风格与特色的能力。
素质目标	将绿色可持续的理念融入餐饮空间的设计中；培养勇于尝试、不拘一格的创造精神，探索绿色、生态的餐饮空间设计新思路。

任务实施

 笔记

一、餐饮空间色彩表现分析

图 6-11 是餐饮空间马克笔色彩表现图。整体色调采用灰色调，展现了工业建筑室内设计的风格和特色。而木质元素与装饰品则以深棕色呈现，形成鲜明对比。

餐厅的桌椅使用棕色马克笔，以凸显其木质纹理，传递出木质的质感和温暖感。椅子坐垫部分则运用稍浅的色调，以凸显其立体效果和舒适度。绿色系的马克笔则用来描绘植物，通过深浅不一的绿色，表现出其盎然生机。吧台区域则运用鲜艳的色彩，成为画面的焦点。使用浅色马克笔描绘玻璃，展现光线的穿透感，使空间显得明亮而宽敞。窗外景色则采用淡蓝色调，与室内形成对比，营造出深远的空间感。

图 6-11　餐饮空间马克笔色彩表现图（1）

二、餐饮空间色彩表现步骤

小贴士

公共空间中,棚顶为黑色时,上色须留意光影变化,运用灰色调展现主体,局部适当加深,以营造空间层次与光感。

笔记

步骤一、运用灰色马克笔对空间顶部进行初步的概括上色。注意在描绘过程中体现光影的明暗变化,并根据需要调整用笔的虚实程度,以营造空间感和层次感。

笔记

步骤二、对木质材质进行着色。注意用笔的方向和角度,并留白处理以增强其质感。近处应强调色彩对比,突出细节;远处则采用灰色调进行虚化,以营造深远的空间感。

项目六 室内空间色彩表现

笔记

小贴士

在靠近吧台或座位区的地面，可以使用深灰色进行适当加深，以强调这些区域的聚焦作用。而在空间较为开阔或光线较好的区域，则可以使用浅灰色进行提亮，以模拟光线的照射效果。

步骤三、在绘制吧台区域的台面和设备时，统一使用灰色调进行上色，并留意位于前面位置的咖啡机在设备上产生的投影。选择中灰色的马克笔作为地面的基础色，注意保持用笔的均匀和稳定。

步骤四、椅子的座位部分使用稍浅的棕色,凸显椅子的立体感与舒适感。窗外景色采用淡蓝色调,营造出深远的空间感。

项目六　室内空间色彩表现

 笔记

 小贴士

受光源影响，金属物体的受光面明暗反差极大，呈现出闪烁变幻的动感。背光面的反光同样显著，尤其在物体的转折处、明暗交界及高光处理上，可适当进行夸张，以增强画面的立体感和质感。

步骤五、加强画面色彩对比，深化细节刻画。添入环境色，使画面更加完整，达到和谐统一的视觉效果。

笔记

三、餐饮空间色彩表现案例（图6-12）

图6-12　餐饮空间马克笔色彩表现图（2）

任务拓展

找到一张餐饮空间的效果图，尝试绘制其线稿，并使用马克笔完成上色。

任务五　办公楼大厅色彩表现

知识目标	掌握运用马克笔上色技巧塑造现代设计风格办公楼大厅的方法和技巧。
能力目标	具备运用马克笔上色技巧，塑造现代设计风格的办公楼大厅室内的能力。
素质目标	培养对现代设计风格的敏感度，打造出具有独特魅力和实用性的现代设计风格作品。

任务实施

一、办公楼大厅色彩表现分析

图 6-13 是办公楼大厅马克笔色彩表现图，大厅一共两层结构。马克笔用色既注重整体的协调，又通过细微的色差营造出空间的层次感和立体感，充分展现了现代建筑室内设计的风格和特色。

浅色调在大厅墙壁上的巧妙运用，营造出一种明亮而宽敞的感觉。天花板的矩形灯泡则以纯净的白色呈现，不仅与墙壁的浅色形成对比，还增添了几分现代感。在人物着色上，马克笔采用了柔和的色调，使穿着休闲服装的人物在画面中显得自然而不突兀。走廊与大厅的地面色彩选择也恰到好处，既不会过于抢眼，又能与整体色调和谐相融。

图 6-13　办公楼大厅马克笔色彩表现图（1）

手绘效果图表现技法

 笔记

二、办公楼大厅色彩表现步骤

 想一想

为什么画红色虚线标记的位置会选择这种上色形式呢？

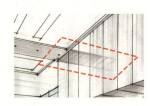

步骤一、确定大厅的整体色调以及光影的分布，并使用浅色马克笔对画面进行基础的上色。

项目六　室内空间色彩表现

步骤二、使用不同的色彩对人物配景进行上色。逐步加强空间感的塑造，加强画面的光影关系，用笔须干练肯定。

 笔记

? 想一想

为什么没有将左上角的植物绘制成绿色，而是使用了灰色来对植物的轮廓线进行上色呢？

手绘效果图表现技法

笔记

步骤三、逐步加强空间感的塑造。使用彩铅和马克笔相结合的方式，对玻璃材质进行上色。在地面部分加入灰色和蓝色彩铅，以使画面色彩更加丰富，并增加反光效果。

项目六　室内空间色彩表现

小贴士

在大场景上色时，需更加大胆果敢。对于暗部及投影部分，应加重色彩深度；而高光和反光区域，则需提亮色彩，以增强画面的对比感，进而凸显空间的庄重氛围。

笔记

步骤四、调整画面的整体关系。加重近处地面和墙面的颜色，以增强画面的对比度。同时，对空间中的大理石材质进行纹理的细致刻画，以增加画面的细节感。

笔记

三、办公楼大厅色彩表现案例（图6-14）

图 6-14 办公楼大厅马克笔色彩表现图（2）

 任务拓展

找到一张办公楼大厅空间的效果图，尝试绘制其线稿，并使用马克笔完成上色。

项目七

作品赏析

卧室空间线稿表达（1） 作者：郭昆

卧室空间线稿表达（2） 作者：苗长银

项目七 作品赏析

卧室空间线稿表达（3） 作者：苗长银

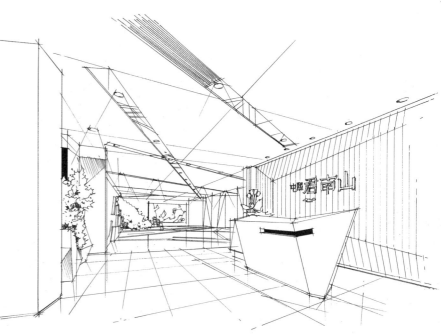

卧室空间线稿表达（4） 作者：苗长银

客厅空间线稿表达（1）　作者：郭昆

客厅空间线稿表达（2）　作者：郭昆

项目七 作品赏析

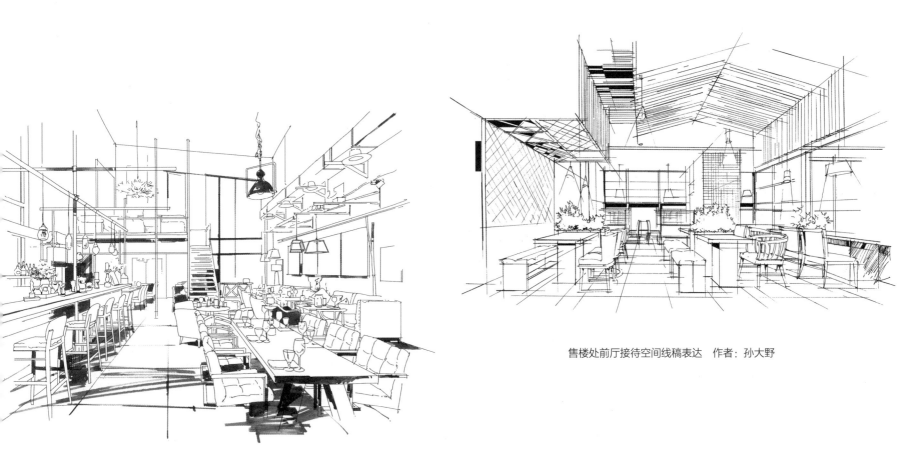

餐饮空间线稿表达　作者：郭昆

售楼处前厅接待空间线稿表达　作者：孙大野

客厅空间马克笔表达（1） 作者：郭昆

客厅空间马克笔表达（2） 作者：孙大野

项目七 作品赏析

客厅空间马克笔表达（4） 作者：孙大野

客厅空间马克笔表达（3） 作者：孙大野

卧室平面马克笔表达　作者：孙大野

书店空间马克笔表达　作者：孙大野

风景写生（1） 作者：张金玲　　　　　　　　　　　　　　风景写生（2） 作者：张金玲

风景写生（3） 作者：张金玲

风景写生（4） 作者：张金玲

项目七　作品赏析

风景写生（6）　作者：张金玲

风景写生（5）　作者：张金玲

手绘效果图表现技法

建筑水彩表现（1） 作者：彭文丹

建筑水彩表现（2） 作者：彭文丹

项目七 作品赏析

建筑水彩表现（3）　作者：彭文丹

建筑水彩表现（4）　作者：彭文丹

参考文献

[1] 陈红卫. 陈红卫手绘表现技法[M]. 上海：东华大学出版社，2013.

[2] 庐山艺术特训营教研组. 室内设计手绘表现[M]. 沈阳：辽宁科学技术出版社，2016.

[3] 程子东，吕从娜，张玉民. 手绘效果图表现技法[M]. 北京：清华大学出版社，2010.

[4] 杨健. 杨健手绘画法[M]. 沈阳：辽宁科学技术出版社，2013.

[5] 张恒国，蒋励. 手绘效果图表现技法及应用[M]. 北京：北京交通大学出版社，2012.

[6] 赵杰. 室内设计手绘效果图表现[M]. 武汉：华中科技大学出版社，2021.

[7] 王美达，侯绪恩. 室内设计手绘效果图精解[M]. 武汉：湖北美术出版社，2020.

[8] 汪建成. 室内设计手绘效果图表现[M]. 武汉：华中科技大学出版社，2020.

[9] 吕从娜，刘思维，刘旭. 手绘效果图设计表现与应用[M]. 北京：清华大学出版社，2022.

[10] 陈雪，李湘华，张峰. 建筑·景观·室内实用手绘效果图表现技法[M]. 北京：人民邮电出版社，2012.

[11] 卢影. 室内设计手绘表现全视频教程[M]. 北京：人民邮电出版社，2018.

[12] 冯信群，刘晓东. 手绘室内效果图表现技法[M]. 南昌：江西美术出版社，2007.

[13] 杨宇凌. 室内设计手绘效果图表现技法教学研究[J]. 科技风，2022（17）：145-147.

[14] 赖莉琼. 室内设计中手绘与软件技术的创生与融合[J]. 南昌师范学院学报，2020，41（03）：50-52.

[15] 王婉婷，董磊. 混合式翻转教学模式在高校环境设计专业课程教学中的设计与实践——以手绘效果图快速表现技法课程为例[J]. 美术教育研究，2023（05）：156-158.

[16] 陈丽佳. 浅析项目教学法在手绘效果图表现技法教学中的革新路径[J]. 美术教育研究，2019（05）：149-151.

[17] 蒋丹. 高职室内设计专业"三级平台"教学模式的实践与研究——以手绘效果图表现技法课程教学为例[J]. 美术教育研究，2016（24）：62-63.

[18] 卢莹. 基于微课的教学课程改革——以高校室内手绘表现到设计手绘为例[J]. 艺术教育，2019（12）：139-140.